中华医学会灾难医学分会科普教育图书

图说灾难逃生自救丛书

爆炸事故

丛书主编　刘中民
分册主编　王立祥

绘　图
11m数字出版

人民卫生出版社

图书在版编目（CIP）数据

爆炸事故 / 王立祥主编. —北京：人民卫生出版社，2014.5
（图说灾难逃生自救丛书）
ISBN 978-7-117-18737-4

Ⅰ.①爆…　Ⅱ.①王…　Ⅲ.①爆炸事故－自救互救－
图解　Ⅳ.①X928.7-44

中国版本图书馆 CIP 数据核字（2014）第 048975 号

人卫社官网　www.pmph.com 人卫医学网　www.ipmph.com	出版物查询，在线购书 医学考试辅导，医学数 据库服务，医学教育资 源，大众健康资讯

图说灾难逃生自救丛书
爆 炸 事 故

主　　编：王立祥
出版发行：人民卫生出版社（中继线 010-59780011）
地　　址：北京市朝阳区潘家园南里 19 号
邮　　编：100021
E - mail：pmph @ pmph.com
购书热线：010-59787592　010-59787584　010-65264830
印　　刷：北京盛通印刷股份有限公司
经　　销：新华书店
开　　本：710×1000　1/16　印张：6
字　　数：114 千字
版　　次：2014 年 5 月第 1 版　2019 年 2 月第 1 版第 3 次印刷
标准书号：ISBN 978-7-117-18737-4/R·18738
定　　价：30.00 元

打击盗版举报电话：010-59787491　E-mail：WQ @ pmph.com
（凡属印装质量问题请与本社市场营销中心联系退换）

丛书编委会

（按姓氏笔画排序）

王一镗　　王立祥　　叶泽兵　　田军章　　刘中民　　刘晓华

孙志杨　　孙海晨　　李树峰　　邱泽武　　宋凌鲲　　张连阳

周荣斌　　单学娴　　宗建平　　赵中辛　　赵旭东　　侯世科

郭树彬　　韩　静　　樊毫军

爆炸事故危害大，生产生活重平安。

科学避险须普及，不慌不乱化险境。

我国地域辽阔，人口众多。地震、洪灾、干旱、台风及泥石流等自然灾难经常发生。随着社会与经济的发展，灾难谱也有所扩大。除了上述自然灾难外，日常生产、生活中的交通事故、火灾、矿难及群体中毒等人为灾难也常有发生。中国已成为继日本和美国之后，世界上第三个自然灾难损失严重的国家。各种重大灾难，都会造成大量人员伤亡和巨大经济损失。可见，灾难离我们并不遥远，甚至可以说，很多灾难就在我们每个人的身边。因此，人人都应全力以赴，为防灾、减灾、救灾作出自己的贡献成为社会发展的必然。

灾难医学救援强调和重视"三分提高、七分普及"的原则。当灾难发生时，尤其是在大范围受灾的情况下，往往没有即刻的、足够的救援人员和装备可以依靠，加之专业救援队伍的到来时间会受交通、地域、天气等诸多因素的影响，难以在救援的早期实施有效救助。即使专业救援队伍到达非常迅速，也不如身处现场的人民群众积极科学地自救互救来得及时。

为此，中华医学会灾难医学分会一批有志于投身救援知识普及工作的专家，受人民卫生出版社之邀，编写这套《图说灾难逃生自救丛书》，本丛书以言简意赅、通俗易懂、老少咸宜的风格，介绍我国常见灾难的医学救援基本技术和方法，以馈全国读者。希望这套丛书能对我国的防灾、减灾、救灾工作起到促进和推动作用。

刘中民 教授

同济大学附属上海东方医院院长

中华医学会灾难医学分会主任委员

2013 年 4 月 22 日

我国现代灾难医学救援提倡"三七分"的理论：三分救援，七分自救；三分急救，七分预防；三分业务，七分管理；三分战时，七分平时；三分提高，七分普及；三分研究，七分教育。灾难救援强调和重视"三分提高、七分普及"的原则，即要以三分的力量关注灾难医学专业学术水平的提高，以七分的努力向广大群众宣传普及灾难救生知识。以七分普及为基础，让广大民众参与灾难救援，这是灾难医学事业发展之必然。也就是说，灾难现场的人民群众迅速、充分地组织调动起来，在第一时间展开救助，充分发挥其在时间、地点、人力及熟悉周围环境的优越性，在最短时间内因人而异、因地制宜地最大程度保护自己、解救他人，方能有效弥补专业救援队的不足，最大程度减少灾难造成的伤亡和损失。

为做好灾难医学救援的科学普及教育工作，中华医学会灾难医学分会的一批中青年专家，结合自己的专业实践经验编写了这套丛书，我有幸先睹为快。丛书目前共有 15 个分册，分别对我国常见灾难的医学救援方法和技巧做了简要介绍，是一套图文并茂、通俗易懂的灾难自救互救科普丛书，特向全国读者推荐。

王一镗

南京医科大学终身教授

中华医学会灾难医学分会名誉主任委员

2013 年 4 月 22 日

爆炸是物质从一种状态经过物理或化学反应，瞬时变化成另一种状态，并急剧释放能量的过程，伴有强烈的冲击波、高温高压和地震效应。合理地利用爆炸可巩固国防，开采矿藏，造福人民。

然而，意外的突发性爆炸则成为爆炸事故，会造成不必要的财产损失、物品破坏或人身伤亡，对人们的生命及财产安全构成巨大的潜在威胁。

爆炸事故通常由于各种人为因素或环境因素导致，也可因不认识物质的危险性或生产中的不当操作引发，具有不可预知性、突发性和强破坏性。

爆炸来临，如何迅速脱离险境，如何积极、快速、有效地开展自救互救等，这些防灾避灾的基本常识和技能技巧可最大程度地减少和避免灾害造成的伤亡和损失。

为此，我们精心制作了《图说灾难逃生自救丛书：爆炸事故》分册，希望通过我们的努力，能让更多的人掌握逃生避险、自救互救的知识与方法。

衷心祝愿广大读者平安、健康、幸福！

王立祥

武警总医院

2014 年 3 月 21 日

目　录

诺贝尔与炸药

1846 年意大利化学家索布雷罗首次利用甘油、硝酸和浓硫酸混合液制得硝化甘油。硝化甘油是一种烈性液体炸药，轻微振动即会爆炸。

诺贝尔家族致力于烈性炸药安全性的研究，经过了无数次惨痛的失败，还有家族成员的牺牲，诺贝尔发现运用硅藻土吸收硝化甘油的方法，制成了固体炸药。试制成功后，诺贝尔亲自去各处表演，用铁的事实证明新炸药的威力和安全性能，以解除人们对炸药的恐惧，挽回不良影响。后来，诺贝尔研制的炸药广泛地应用到工业、矿业、交通业之中，全世界随处能听到诺贝尔炸药那震耳欲聋的爆炸声。

1896 年 12 月 10 日，诺贝尔在意大利西部的疗养圣地悄然死去。按照他的遗嘱建立了诺贝尔奖，奖励那些为人类共同利益而奋斗的科学家、医学家、文学家以及和平主义者。诺贝尔奖虽然不是世界奖项中奖金数额最高的，但它是最权威的。它推动了科学技术的进步。20 世纪以来，诺贝尔科学奖获得者走过的道路，就是现代科学技术发展的历史轨迹。

爆炸和爆炸事故

　　爆炸既可以来自物理反应，也可以是化学反应的后续结果。开山辟谷、挖掘矿产、拆卸废弃建筑等生产活动中离不开爆炸，就连节假日里夜空中绽放的美丽焰火，也是一种爆炸现象。爆炸是我们生产生活中的一部分。

　　人们在生产活动中，由于不了解物质的危险特性或违反了生产操作规范，而意外地发生突发性大量能量的释放，这种由于人为、环境或管理上的原因而发生，造成的财产损失、物品破坏或人身伤亡，并伴有强烈的冲击波、高温高压和地震效应的事故称为爆炸事故。在这一部分，我们会介绍生产生活中常见的爆炸事故类型，以提醒人们远离它们，保障安全。

爆炸是一种极为迅速的物理或化学能量释放的过程。在此过程中，空间内的物质以极快的速度把其内部所含有的能量释放出来，转变成机械功、光和热等能量形态。

爆炸一旦失控，就会引发爆炸事故，产生巨大的破坏作用。

爆炸时，突发性大量能量释放，伴有强烈的冲击波、起火、高温高压和地震效应。

　　爆炸发生破坏作用的核心是构成爆炸体系内存有的高压气体或在爆炸瞬间生成的高温、高压气体。

　　爆炸体系和它周围的介质之间发生急剧的压力突变是爆炸的最重要特征，这种压力差的急剧变化是产生爆炸破坏作用的直接原因。

爆炸必须具备的三个条件

（1）爆炸性物质：能与氧气（空气）反应的物质，包括气体、液体和固体（气体：氢气、乙炔、甲烷等；液体：酒精、汽油等；固体：粉尘、纤维粉尘等）。

（2）氧气：主要来自空气。

（3）点燃源：包括明火、电气火花、机械火花、静电火花、高温、化学反应、光能等。

爆炸事故

爆炸事故是指人为、环境或管理等诸方面问题引发的爆炸,造成财产损失、物品破坏或人身伤亡。

爆炸事故可以分为物理性爆炸事故、化学性爆炸事故。

● **物理性爆炸**

　　物理性爆炸是由物理变化（温度、体积和压力等因素）引起的，在爆炸的前后，爆炸物质的性质及化学成分均不改变，如轮胎因打气过足而爆裂是物理性爆炸。

物理性爆炸实例：

2010年3月30日，福建省泉州市惠安汽车东站某汽修店，老板娘林女士在给汽车轮胎打气时，轮胎突然爆炸，钢圈撞向林女士头部，导致其受伤。

2010年4月8日，泉州市某补胎店老板刘某，在给一辆挂斗车轮胎充气时，轮胎突然爆炸，刘某被炸成重型颅脑损伤，送往医院抢救无效后死亡。

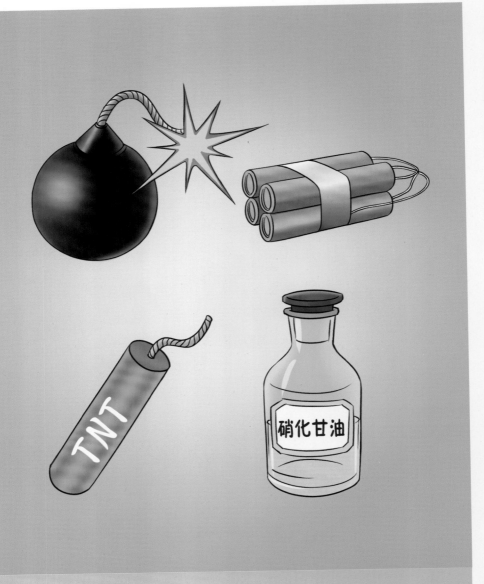

● 化学性爆炸

化学性爆炸是由化学变化造成的。

化学性爆炸的物质，不论是可燃物质与空气的混合物，还是爆炸性物质（如炸药），都是一种相对不稳定的系统，在外界一定强度的能量作用下，能产生剧烈的放热反应，产生高温高压和冲击波，从而引起强烈的破坏作用。

化学性爆炸实例：

2012 年 10 月 7 日，湖南某高速公路隧道口，发生了一起液化石油气槽罐车侧翻泄漏事故，槽罐车翻出护栏 10 米远并起火，车上两名司乘人员当场死亡。消防中队迅速赶到现场抢险施救，然而在救援过程中，液化石油气槽罐车突然因泄漏起火爆炸，造成现场 3 名消防队员牺牲，多名消防队员受伤。

在平时的生产、生活中，我们有很多机会可能与爆炸事故擦肩而过，认识到爆炸事故的发生危险对于我们的生命、财产安全至关重要，下面就让我们一起来了解一下各种爆炸事故。

生产中的爆炸事故

运输可燃物、可燃气体或液体的货车,在受到撞击,发生侧漏,接触到撞击产生的火花或其他明火及高温时,极易发生爆炸。

运输易燃易爆物品时,一定要严格遵守《危险化学品运输管理条例》,任何一个微小的差错就可能造成严重伤亡。

　　2011 年 11 月 1 日,贵州省福泉市一家公司两辆汽车从湖南运送炸药前往贵阳,途经福泉市某修理厂时发生爆炸,两辆汽车上共装有炸药 70 吨左右。爆炸发生后,周边房屋的玻璃大都被震碎,路边的车辆发生变形,附近一国家粮食储备库受损严重,造成 7 人死亡,约有 200 人被送进医院救治,其中 20 余人重伤。

瓦斯爆炸

老百姓一般把液化石油气、天然气、煤气等气体燃料通称为瓦斯。

瓦斯与空气混合达到一定浓度，在高温或遇火的条件下急剧燃烧，可发生爆炸事故。瓦斯爆炸的浓度界限为 5%~16%，受氧气浓度、温度、压力以及煤尘、其他可燃性气体、惰性气体的混入等因素的影响。

在矿井中，瓦斯爆炸扬起大量煤尘并使之参与爆炸，产生更大的破坏力。爆炸后生成大量的有害气体，造成人员中毒死亡，是煤矿生产中最严重的灾害。

警钟长鸣

2012 年 8 月 13 日,吉林省白山市吉盛矿业有限公司一矿井发生重大瓦斯爆炸事故,造成 17 人死亡。2012 年 8 月 29 日,四川省攀枝花市某煤矿发生特别重大瓦斯爆炸事故,造成 45 人死亡。2012 年 9 月 2 日,江西煤业集团公司高坑煤矿发生重大瓦斯爆炸事故,造成 15 人死亡。2013 年 3~4 月,吉林八宝煤矿先后发生两次瓦斯爆炸事故,共造成 35 人死亡。

生活中的爆炸事故

● **居民楼燃气爆炸**

黑龙江省哈尔滨市道里区一居民楼天然气爆炸,受爆炸冲击波的影响,楼体外墙部分脱落、附近几户民宅窗体不同程度地受损,钢窗、玻璃、室内用品的碎片散落一地,导致3死5伤。事件原因系住户私自改建天然气设施,造成天然气泄漏引发爆炸。

● **烟花爆竹爆炸**

22 岁的陈先生在除夕和家人一起放爆竹,原本很开心,但在燃放一个大礼花弹时没想到礼花弹没有冲向天空,而是在炮筒中爆炸,他躲闪不及被炸伤眼睛,整个面部和两臂也被不同程度烧伤。

● 家用电器爆炸

2013 年 3 月 18 日,王先生在家用洗衣机洗涤衣物。大约两分钟后,突然一声爆响,整个房间跳闸断电。惊魂未定的他发现,爆炸现场碎片满地,一片狼藉,洗衣机脱水装置本体发生爆炸,脱水衣物被甩了出来,附近的整体浴室玻璃窗被震碎。所幸当时无人在洗衣机附近。

家用电器爆炸发生的常见原因:①不合格产品;②电器老化;③使用不当;④超负荷运行。

● **淋浴房玻璃自爆**

　　浴室中,舒适的淋浴房暗藏危机。淋浴房玻璃多为钢化玻璃,并非防爆玻璃。钢化玻璃内含一种叫硫化镍的成分,在热胀冷缩的情况下,硫化镍小颗粒体积会随之变化,当与玻璃形变大小不吻合时,就可能导致玻璃内部应力剧烈变化,产生自爆。行业内称"钢化玻璃具有千分之三自爆率",故即使检测合格的淋浴房玻璃也有可能发生自爆。

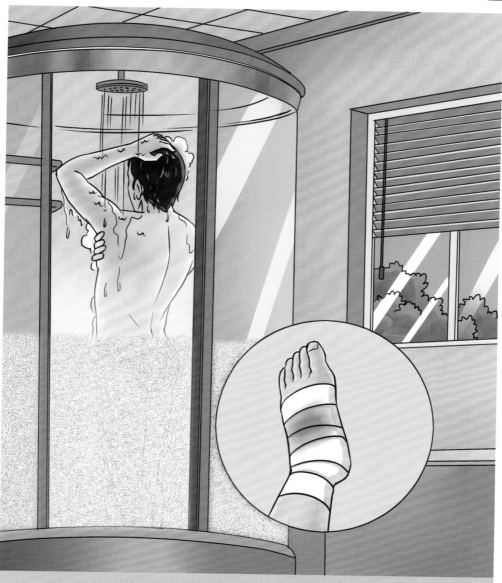

　　2012年6月，浙江省湖州市吴兴区的丁先生在淋浴房洗澡时，突然发生淋浴房的玻璃自爆，在自爆过程中玻璃碎片在丁先生的手、胸、腿、脚等多处划出一道道血痕，特别是在脚背划出一道长长的口子，血流不止。在家人的帮助下丁先生被急送医院就诊，经医生拍片诊断，玻璃碎片最深的已伤到骨头，急需马上手术，医生为丁先生脚背缝了12针。

● **手机电池爆炸**

电池爆炸的原因主要有三种：①电池本身原因：电池内部缺陷，在不充电、不放电时自发性爆炸；②电芯长期过充：锂电池在特殊温度、湿度和接触不良等情况下瞬间放电产生大量电流，引发自燃或爆炸；③短路。

另外，消费者将手机放在高温或易燃物品旁，也有可能引起爆炸。

　　2007年6月19日甘肃省发生了我国第一起手机爆炸致人死亡事故。

　　甘肃省酒泉市金塔县双城镇的营盘铁选厂一电焊工作业时，上衣口袋里的手机电池爆炸，导致其胸部皮肤烧焦、肋骨断裂并刺破心脏致其死亡。

公共场所发生的爆炸事故

公共场所是指文化、娱乐、体育场所,住宿、饮食、公园游览场所,商业、集市贸易场所和交通客运等公共服务场所。公共场所具有人口相对集中、流动性大、人员素质参差不齐等特点。

公共场所发生爆炸时,还会发生混乱拥挤、踩踏伤、高处坠落跌伤等,大大超出事故本身导致的直接伤亡,容易造成重大伤亡事故。

　　2011 年 12 月 1 日，湖北省武汉市雄楚大街关山中学旁边的建设银行网点门前，不明物体引发爆炸。爆炸点位于银行的大门处，略靠门外，现场炸出一个大坑。事故造成 2 人死亡，10 人受伤，银行内一片狼藉，经济损失近百万。建设银行附近停放车辆的挡风玻璃亦被炸碎。

历史回顾

波士顿爆炸事故

2013 年，美国当地时间 4 月 15 日下午 2 点 50 分，波士顿国际马拉松赛现场发生了连环炸弹袭击事件，造成 3 人死亡，逾百人受伤，其中多人伤势严重。一名在现场的警官说，他看到十几个人伤势严重，有人被炸断肢体。

2013 年 4 月 16 日，美国联邦调查局新闻公报称，引起波士顿爆炸的两枚炸弹，一枚被放在一个高压锅里，并藏在背包中。爆炸后的残片显示，制造这枚简易炸弹的凶手在锅里放了钉子、钢珠等材料。视频截图显示，爆炸发生前，一个黄色背包被丢在路边，靠着人行道栅栏。栅栏的另一边，则站满了为运动员欢呼的人群，随着烟雾腾起，四周人群立即倒地。

波士顿爆炸事故引出的安全问题：①做好重大活动场所的安检及安全保卫工作；②爆炸物品的有效排查和及时拆除；③平时普及应对爆炸发生时的逃生常识。

爆炸时的逃生自救

爆炸事故不仅见于生产责任事故和居家意外，近几年来，恐怖分子人为制造的公众爆炸事故严重威胁着社会的安定和人民的生命财产安全。不同场合遭遇的爆炸事故有其特殊的逃生技能，不过，公众掌握一些大体原则有助于在面对爆炸事故时临危不乱，沉着冷静地应对复杂场面，尽可能挽救自己和他人的生命！

　　在爆炸发生时，首先看到的是光或者闪动，此时先别着急跑，近距离人员应立即卧倒，脚朝炸点方向。同时一手枕在额前，另一手盖住后脑，保护好头部。"趴下"——保持身体伏低，不但可以最大程度地降低爆炸所带来的伤害，还可以防止吸入过多有毒烟雾。

在确保第二次爆炸短时间内不会发生后，选择时机迅速离开现场。

找到并确定离你最近的安全出口，避开柱子、玻璃与墙壁，伏低身子迅速离开现场。

逃生过程中要时刻观察周围环境。切忌逃生中产生混乱、拥挤堵塞逃生通道。

维护爆炸事故现场秩序，引导人员疏散和快速撤离现场。

● 要尽力先疏散老人、妇女、儿童，这是成年人的社会责任之一。

● 一定要保证逃生通道的通畅，不要因拥挤造成逃生通道堵塞或发生踩踏事故。

在逃生时，要注意随时观察房屋是否会发生坍塌，在选择路线时尽量避开那些看起来"晃晃悠悠"的柱子和大块的玻璃，也不要太靠近墙壁，因为首先你不知道这面墙会不会倒，其次，墙壁很可能会反弹远处飞来的碎片——本来没砸着你，一反弹，正好击中。

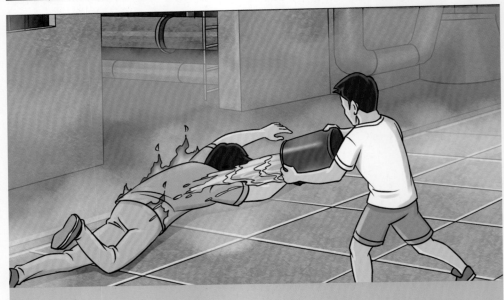

　　因爆炸燃烧或高温辐射导致衣物着火，一时难以脱下时，应迅速滚动灭火，或用水、潮湿物品扑灭火焰。不可惊慌乱跑，以免风助火势。

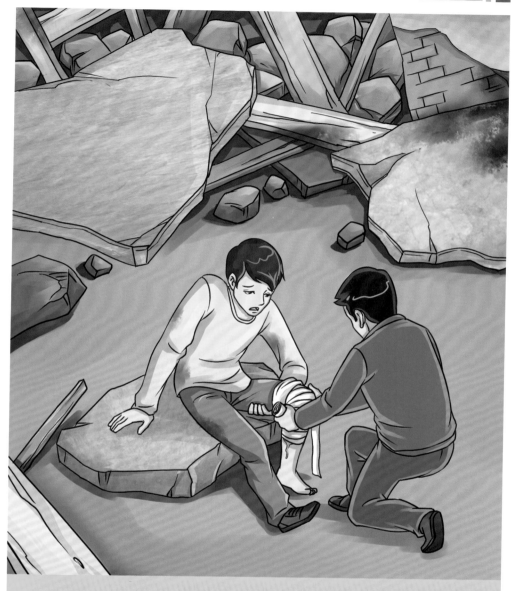

　　爆炸造成的出血，特别是喷射状的动脉出血，千万别慌，别大喊大叫，必须迅速进行止血自救。一般应迅速采取指压止血，或用弹性较好的带子捆压住出血口的上方（近心端）进行止血。保护好伤口，观察周围环境，静待救援。

若密闭空间内烟味太呛，可用矿泉水、饮料等润湿布块，捂住口鼻，防止因烟雾和毒气引起的窒息。

　　快速呼救，拨打 110、119、120 向公安、消防及医疗机构求救。报警及求救时注意讲述内容：①讲清时间、地点：应讲清险情发生的时间、地点。若地形、地貌复杂，应告知周围标识比较明显的建筑物，如公交车站、单位名称、门牌号或明显的地貌特征等。②说明险情：应简要说明出险的原因，以及需要提供何种帮助。③留下姓名：报警人应留下自己的姓名、联系方式等。④有条件时，可提前到附近标识比较明显的地点，如路口或巷口，等候并指引救援人员。

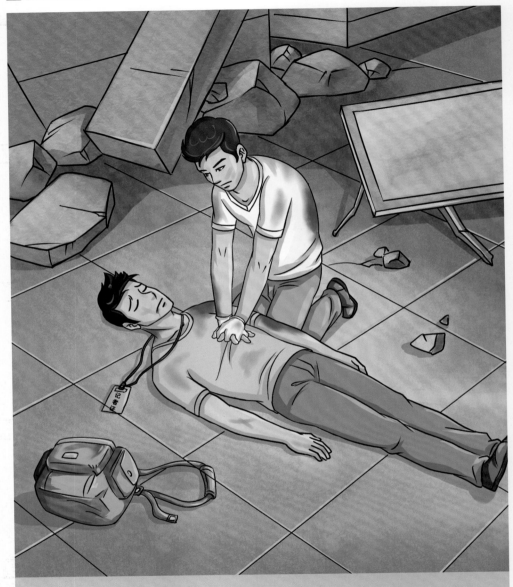

有能力的人员应协助警方和医务人员抢救伤员，就地取材，进行止血、包扎、固定，尽可能选用无菌敷料、三角巾、较清洁的布，以避免二次污染。搬运伤员时应注意使脊柱损伤者保持水平位置，以防止移位而发生截瘫。注意呼吸道烧伤者，对呼吸道阻塞、窒息者，立即清理口咽，必要时进行心肺复苏。

　　井下发生瓦斯爆炸事故时，一般都会有强大的爆炸声和连续的空气震动，产生很强的高温气浪及大量的有害气体。这时候，井下人员一定要沉着，不要乱跑乱喊，积极采取自救逃生措施。

　　迅速背向空气震动的地方，脸向下卧倒，头要尽量低些，用湿毛巾捂住口鼻，用衣服等物盖住身体，尽量减少身体外露。在爆炸的一瞬间，要尽量屏住呼吸，防止吸入大量的高温有害气体。与此同时，要迅速取下自救器，按照操作方法把它戴好。

　　辨清方向，沿避灾路线尽快进入有新鲜风流的区域，离开灾区。撤离过程中，最好由有经验的老职工带领。假如巷道破坏严重，又不知道撤退路线是否安全，就要设法找到避难硐室或自己构造临时硐室，到安全的地方暂时躲避，耐心等待救援。躲避的地方要选择顶板坚固、没有有害气体、有水或离水近的地方，并且要时刻注意附近情况变化，尽量向更安全的地点转移。

　　避灾时，每个人都要自觉遵守纪律，听从指挥，主动照顾受伤的人员，并严格控制矿灯的使用。要时时敲打铁道或铁管，发出呼救信号，并派有经验的职工出去探察。经过探察确认安全后，组织大家逐步向井口退出，并在沿途做上信号标记，以便救护人员跟踪寻找。

当我们面临生产、生活中意外的爆炸事故时,唯有沉着冷静、处变不惊地应对,采取科学有效的逃生、自救和互救手段,才能将灾害造成的人身、财产损失降到最低。避灾时,自觉维护现场秩序,听从指挥,尽可能地配合警方和医务人员救助伤员是每一位公民应尽的义务。

爆炸一旦发生，现场的人真正做到全身而退是很难的，为了不让自己及他人受到伤害，在生产生活中我们必须尽一切可能避免爆炸事故的发生。

　　防范爆炸事故，首先应在思想上对于爆炸事故的性质、危害有足够的认识，从而引起高度的警觉。在与爆炸物品接触时，要做到"七防"：防止可燃气体粉尘与空气混合；防止明火；防止摩擦和撞击；防止电火花；防止静电放电；防止雷击；防止化学反应。绝大多数惨重的爆炸事故都是人为因素所致。安全守则，必须人人坚守。

爆炸事故的防范

生产中爆炸事故的预防

● 采取监测措施，当发现空气中的可燃气体、蒸汽或粉尘浓度达到危险值时，就应采取适当的安全防护措施。

● 在有火灾、爆炸危险的车间内，应尽量避免焊接作业，进行焊接作业的地点必须要和易燃易爆的生产设备保持一定的安全距离。

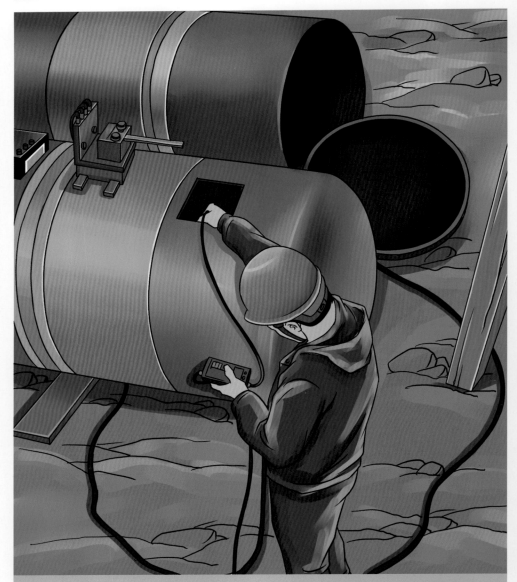

● 如需对生产、盛装易燃物料的设备和管道进行动火作业时,应严格执行隔绝、置换、清洗、动火分析等有关规定,确保动火作业的安全。

如果作业环境中有可能存在易燃气体,则需要在动火前进行气体检测。气体检测一定要由经过专业培训的人员实施,一方面,不正确的检测方法可能会造成比较大的偏差,并会给动火作业的安全带来极大的威胁。另一方面,要用样气对燃气探测器进行定期的校验,以确保其准确性。

火花熄灭器

W-1   W-2   W-3   W-4

● 在有火灾、爆炸危险的场合,汽车、拖拉机的排气管上要安装火花熄灭器;为防止烟囱飞火,炉膛内要燃烧充分,烟囱要有足够的高度。

● 搬挪、运输盛有可燃气体或易燃液体的气瓶、容器时要轻拿轻放，严禁抛掷，防止相互撞击；运输危险品一定要用专业的运输车辆；严格按照交通运输安全规定进行危险品的装载与运输，严防疲劳驾驶。

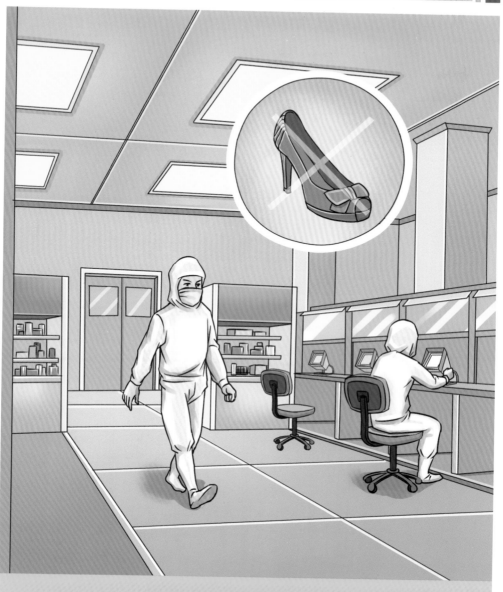

● 进入易燃易爆车间应穿防静电的工作服、不准穿带钉子的鞋。

● 对于物质本身具有自燃能力的油脂、遇空气能自燃的物质以及遇水能燃烧爆炸的物质,应采取隔绝空气、防水、防潮或采取通风、散热、降温等措施,以防止物质自燃和爆炸。

生活中爆炸事故的预防

　　保证液化气使用的安全，在平时就要养成良好的生活习惯，不用液化气时要把阀门关上，还要定期检查管道、软管等是否漏气，注意保持室内通风。

● 检测液化石油气是否泄漏可用下面的方法：

（1）家用液化石油气中掺有臭剂，泄漏时会有异味。

（2）一旦检测到液化石油气泄漏，厨房内的报警器会发出报警声。

（3）随着气体的泄漏，在管子的接口处会出现细小的"嘶嘶"声。

● 家中一旦发生液化石油气泄漏，不要惊慌，按下面的步骤处理：

（1）立即关闭液化石油气开关。

（2）千万不可开启或关闭任何电器开关。

（3）轻轻打开所有门窗并迅速逃到户外。

（4）立即报警。

手机电池如何防爆炸

● 在日常使用时应避免将锂电池的正极和负极与金属物接触，如果需要单独存放，应放入安全可靠并且绝缘能力较好的电池盒中。

● 避免将手机置于温度过高的环境中，如夏季暴晒并且封闭的车厢内部、烤箱等高热源附近。

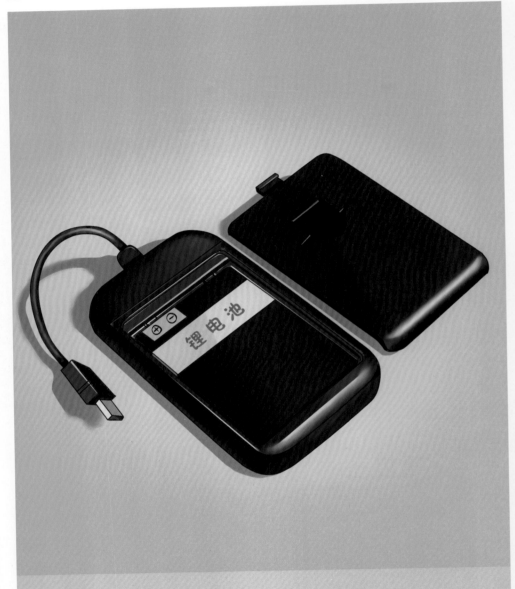

　　● 锂电池需要经常使用才能使其达到最佳的寿命，当需要长期放置时，按产品说明书将其充至指定电量并存放于适当温度环境中。

　　● 如充电器已经显示为充满状态(有些充电器会继续涓流充电)时，应及时拿出电池，避免将充满电的电池长期放置在通电状态下的充电器中。
　　特别提示：避免在充电状态下使用手机(如打电话、玩游戏等)。

● 当电池损坏或电量下降明显时，应送至指定的回收站进行回收，不可随意丢弃。

● 在使用过程中应避免手机受到剧烈的冲击，以防止电池破裂。

家用电器如何防爆炸
● 阅读家用电器使用说明书，了解家用电器适用范围。

● 连续使用时间不宜过长。时间越长，其工作温度越高。高温季节尤其不宜长时间使用。

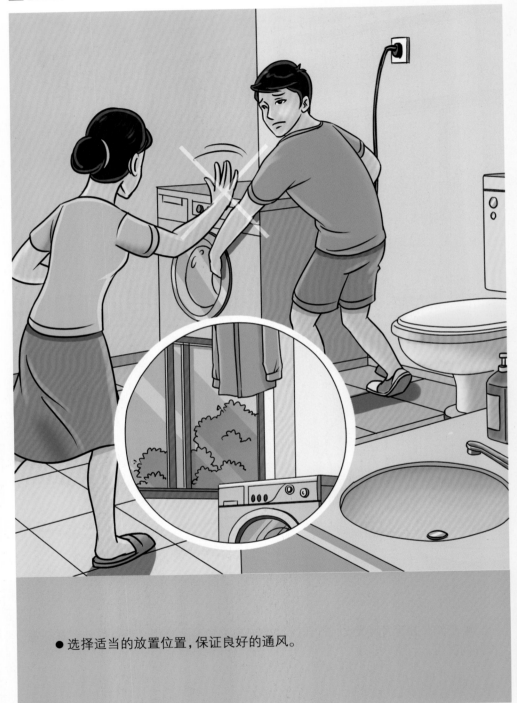

● 选择适当的放置位置，保证良好的通风。

● 防止液体进入电器，不要使电器受潮。尤其在梅雨季节，要每隔一段时间使用几小时，用其自身发出的热量来驱散机内的潮气。

　　● 有室外天线或共用天线的避雷器要有良好的接地。雷雨天尽量不要用室外天线。

● 电器使用后勿忘切断电源。

公共场所如何防爆炸

● 不携带易燃易爆物品。

《中华人民共和国消防法》规定,禁止非法携带易燃易爆危险品进入公共场所或者乘坐公共交通工具。

《中华人民共和国治安管理处罚法》规定,非法携带易燃易爆危险品进入公共场所或者乘坐公共交通工具的,一律予以治安拘留。

● 加强公共场所易燃易爆物品的管理；定期检查，及时维护消防设施。

● 发现可疑人员、可疑物品时应注意观察，及时报警。

可疑人员：①神情恐慌、言行异常者；②着装、携带物品与其身份明显不符，或与季节不协调者；③冒称熟人、假献殷勤者；④在检查过程中，催促检查或态度蛮横、不愿接受检查者；⑤频繁进出大型活动场所者；⑥反复在警戒区附近出现者；⑦疑似公安部门通报的嫌疑人员。

●可疑物品：在不触动可疑物品的前提下，进行以下操作。

（1）看：由表及里地仔细观察，识别、判断可疑物品或可疑部位有无暗藏的爆炸装置。

（2）听：在寂静的环境中用耳倾听可疑物品是否有异常声响。

（3）嗅：硫磺会放出臭鸡蛋（硫化氢）味；硝酸铵分解时有明显的氨水味。

● 发现可疑爆炸物怎么办

（1）不要触动。

（2）及时报警。

（3）迅速撤离，疏散时不要互相拥挤。

（4）协助警方的调查。目击者应尽量识别可疑物品发现的时间、大小等特征，如有可能，进行照相或录像，为警方提供线索。

工业生产中的爆炸事故，往往会严重威胁人身财产安全，因此我们必须做到防患于未然。落实安全生产责任制，强化教育培训，科学规划、合理布局，加强生产设备的管理等手段都能够有效地将事故发生率和损失程度控制在最低。

动火作业，也称为热工作业，是很多企业主要的、也是风险最大的生产作业活动之一。如果不能充分认识并采取有效措施控制动火作业过程中的风险，则极有可能导致火灾、爆炸等事故的发生，严重时可能会导致重大人员伤亡或者其他灾难性后果。因动火作业引起的火灾、爆炸事故案例很多，其中比较严重的包括：2000 年 12 月 25 日，发生在洛阳东都商厦因电焊引起的导致 309 人死亡的火灾事故，以及 2010 年 11 月 15 日，发生在上海市静安区胶州路教师公寓，因电焊引起的导致 58 人死亡的火灾事故等。

动火作业的安全事项

　　动火作业是指那些在作业过程中可能会产生足以点燃环境中的易燃或可燃物的作业。动火作业要严格控制，以防止火灾或者爆炸事故的发生。除石油、天然气和其他化工等火灾爆炸危险性大的企业外，动火作业还包括：①打磨、喷沙、锤击等产生和可能产生火花的作业；②在防爆区使用非防爆的电动工具和电气设备的作业；③在防爆区使用非防爆的通信、电子产品等；④在防爆区打开带电的防爆电气设备的作业。

　　动火作业的主要危险是引起火灾或爆炸事故。动火作业过程中会产生火源，如果作业环境中存在易燃气体、易燃液体或者固体易燃、可燃物，并被动火作业过程中所产生的火源点燃，就会发生火灾或者爆炸事故。当环境中存在易燃挥发物，并达到爆炸极限（LEL），形成爆炸混合物，且爆炸混合物遇到动火作业所产生的火源后，就有可能发生爆炸。

安全作业要点

● 实施作业许可(作业票)管理制度,避免人员在不具备动火作业条件的情况下擅自作业,保证所有的动火作业都按照动火作业许可证(动火票)上所列的安全措施进行了检查、确认并落实,使火灾爆炸的风险得到很好地控制。

● 在管线或容器上进行焊接或热切割作业时,存在的主要风险是管线或者容器内存在残留的易燃物,这种情况极易发生爆炸。如果可行,在管线或容器上的切割作业应尽量采用冷切割的方式。

彻底清理干净管线／容器内的介质,附着在内壁的介质清理十分困难,在这种情况下,可以对管线／容器内部空间进行惰化,即:向管线／容器内部注入氮气一类的惰性气体,以排除氧气。当采用这种方法时,一定要注意通过正确的气体检测方法,验证置换是否彻底。

●在通风不良的狭小空间使用乙炔割枪时，当乙炔软管出现泄漏，或者当从割枪排出乙炔气体时，由于空间比较狭小且通风不良，比较容易在狭小的空间内形成爆炸混合物，并在点火时发生闪爆。

因此，当需要在通风不良的狭小空间使用乙炔割枪时，一定要检查并确保乙炔软管及连接部位没有泄漏，并且不在这样的作业点人为排放乙炔气体。如果能够同时在作业点架设强制通风设备，将可能产生泄漏的乙炔及时驱散，则可使这样的作业防火安全性大大提高。

● 在进行动火作业前，非常重要的一点是移除作业区域所有的易燃、可燃物，比如油漆、易燃化学品、油布、木料、尼龙制品等，如果动火作业现场没有了易燃、可燃物，也就不可能发生火灾或者爆炸了。

在移除作业场所易燃、可燃物时要注意所涉及的范围，如果在进行动火作业时，火花有可能从孔洞落入下一层空间，则也要对这些区域的易燃、可燃物进行移除处理；如果在进行动火作业时，高温物件可能会引燃隔壁另一侧的物品，则同样也要对这些区域的易燃、可燃物进行移除处理。

● 避免火花飞溅和扩散。在进行焊接或者气割作业时，特别是在位置比较高的作业点进行这些作业时，作业产生的火花可能会落下并在较大范围内飞溅、扩散，引燃这些区域的易燃、可燃物。因此，除了要在尽可能大的范围内移除易燃、可燃物以外，还应考虑采取措施避免火花飞溅、扩散，比如在动火作业点下面铺上防火布，将产生的火花接住。

● 进行气体检测。如果作业环境中存在易燃气体,则需要在动火前进行气体检测,气体检测有可能检测的是管线、容器内的燃气含量,也有可能检测作业区域是否存在燃气。

需要强调的是,气体检测一定要由经过专业培训的人员实施,一方面,不正确的检测方法可能会造成比较大的偏差,并会给动火作业安全带来极大的威胁。另一方面,要用样气对燃气探测器进行定期的校验,以确保其准确性。必要时,也可以考虑用两部探测器进行检测确认,确保气体检测的准确。

● 注意交叉作业。有些作业与动火作业同时进行可能会引发危险，比如，在动火作业现场进行油漆作业、在动火作业现场进行拆开易燃品管线的作业，或者在动火作业现场进行燃气管线、容器的置换作业，这些作业都会增加动火作业的火灾风险。因此，在进行作业活动的组织安排时，要考虑可能会与动火作业产生相互影响的交叉作业，并进行合理的安排以规避风险。

●应急安排。由于动火作业风险比较高，一旦发生火灾或爆炸，后果都比较严重。因此，在进行动火作业时都要做出火灾应急安排，以确保在发生火灾时能够在第一时间将初期火灾扑灭。目前标准高的动火作业应急安排包括在整个作业过程中由专人负责"看火"，现场配备手提式灭火器和消防水带等。

　　每一朵花，只能开一次，我们的生命也是如此。生命只有一次，对于谁都是宝贵的。尊重科学、遵守安全规则、远离危险，营造安全社会人人有责，这样我们才能享受美好的生活。

82

52检